农民工安全生产
知识手册

朱智清 主编

河海大学出版社
HOHAI UNIVERSITY PRESS
·南京·

图书在版编目（CIP）数据

农民工安全生产知识手册 / 朱智清主编. --南京：河海大学出版社，2023.3

ISBN 978-7-5630-8205-6

Ⅰ.①农… Ⅱ.①朱… Ⅲ.①民工-安全生产-手册 Ⅳ.①X925-62

中国国家版本馆CIP数据核字（2023）第044262号

书　　名	/ 农民工安全生产知识手册
	NONGMIN'GONG ANQUAN SHENGCHAN ZHISHI SHOUCE
书　　号	/ ISBN 978-7-5630-8205-6
责任编辑	/ 龚　俊
特约编辑	/ 梁顺弟
特约校对	/ 丁寿萍
封面设计	/ 张禄珠
出　　版	/ 河海大学出版社
地　　址	/ 南京市西康路1号（邮编210098）
电　　话	/ (025)83737852（总编室）　(025)83722833（营销部）
经　　销	/ 江苏省新华发行集团有限公司
印　　刷	/ 南京凯德印刷有限公司
开　　本	/ 880毫米×1230毫米　1/32　3.25印张　78千字
版　　次	/ 2023年3月第1版　2023年3月第1次印刷
定　　价	/ 29.50元

前　言

　　安全生产关系到人民生命安全、国家财产安全和社会稳定。二十大报告中明确指出："坚持安全第一、预防为主,建立大安全大应急框架,完善公共安全体系,推动公共安全治理模式向事前预防转型。"江苏是建设大省,截至 2022 年 5 月,江苏农民工就业规模超过 2400 万人,这支劳动力大军,为我省各行业经济建设及城市繁荣做出了巨大的贡献,已成为我省产业工人的重要组成部分。

　　与此同时,农民工在生产劳动中的安全保障问题也越来越突出。强化农民工的安全意识,提高农民工的安全知识水平,尤其是加强高危险作业农民工的安全教育培训,已成为当前保护农民工根本利益和保障安全生产形势稳定的一项紧迫任务。为此,在江苏省人力资源和社会保障厅、江苏省应急管理厅的领导下,江苏省安全生产宣传教育中心组织有关专家编写了《农民工安全生产知识手册》,本着易懂、实用、管用的原则,以增强农民工安全生产意识、掌握安全生产基本知识和基本技能为重点进行编写,语言通俗易懂,配图生动形象,便于农民工兄弟日常携带理解和自学。

　　习近平总书记指出："人命关天,发展决不能以牺牲人的生命为代价。这必须作为一条不可逾越的红线。"安全生产事关劳动者的身体健康和生命安全,是农民工最基本的劳动权利。希望农民工兄弟能够通过本书的学习,进一步提高安全素质,在生产劳动中努力做到"不伤害自己,不伤害他人,不被他人所伤害,保护他人不受伤害"。我们衷心祝愿广大的农民工兄弟都能"平平安安上班,高高兴兴下班"。

本手册是由朱智清同志任主编,贾宁、郑根武、戴晓炜任副主编,陈汝军、严建华主审,蒋骋、徐菲菲编写了第一、二章,朱智清编写了第三章,陈琳编写了第四章,曹洪印编写了第五章,郑根武、陈琳编写了第六章,王晓梅编写了第七章,朱红雨、戴晓炜编写了第八章,许雪、陈芃洁设计插图。另外,在本手册的编写过程中,南京科技职业学院给予了大力支持,在此表示感谢。

由于时间仓促,书中难免有不当之处,恳请广大读者批评指正。

编　者

2023 年 2 月

目 录

第一章 安全生产法律法规概述 （1）
第一节 安全生产法律 （1）
第二节 安全生产法规 （4）

第二章 从业人员安全生产权利义务 （10）
第一节 从业人员安全生产权利 （10）
第二节 从业人员安全生产义务 （12）

第三章 安全生产警示标志 （14）
第一节 安全色 （14）
第二节 安全标志 （16）

第四章 安全生产个体防护 （19）
第一节 安全帽 （20）
第二节 防护服 （23）
第三节 安全带 （26）
第四节 其他防护用品 （29）

第五章 安全生产双重预防机制 （33）
第一节 安全风险分级管控 （33）
第二节 隐患排查治理 （41）

第六章 危险作业安全要求 （46）
第一节 用电作业 （46）
第二节 动火作业 （48）
第三节 高处作业 （53）

第四节　有限空间作业 ……………………………………（56）
　第五节　粉尘涉爆作业 ……………………………………（59）
　第六节　危险化学品作业 …………………………………（61）
第七章　作业现场应急处置 ……………………………………（67）
　第一节　灭火器的选择和使用 ……………………………（68）
　第二节　单人徒手心肺复苏操作 …………………………（72）
　第三节　自动体外除颤器（AED）操作 ……………………（76）
　第四节　创伤包扎 …………………………………………（78）
第八章　职业健康与工伤保险 …………………………………（85）
　第一节　职业健康 …………………………………………（85）
　第二节　工伤保险 …………………………………………（92）

参考文献 …………………………………………………………（96）

第一章　安全生产法律法规概述

习近平总书记指出,加强安全生产工作,必须强化依法治理,用法治思维和法治手段解决安全生产问题,着力提高安全生产法治化水平,这是最根本的举措。

2022年10月16日,在中国共产党第二十次全国代表大会上,习近平总书记强调,我们要坚持以人民安全为宗旨、以政治安全为根本、以经济安全为基础、以军事科技文化社会安全为保障、以促进国际安全为依托,统筹外部安全和内部安全、国土安全和国民安全、传统安全和非传统安全、自身安全和共同安全,统筹维护和塑造国家安全,夯实国家安全和社会稳定基层基础,完善参与全球安全治理机制,建设更高水平的平安中国,以新安全格局保障新发展格局。

提高公共安全治理水平。坚持安全第一、预防为主,建立大安全大应急框架,完善公共安全体系,推动公共安全治理模式向事前预防转型。推进安全生产风险专项整治,加强重点行业、重点领域安全监管。提高防灾减灾救灾和重大突发公共事件处置保障能力,加强国家区域应急力量建设。

第一节　安全生产法律

一、《中华人民共和国安全生产法》

2021年6月10日,第十三届全国人民代表大会常务委员会第二十九次会议通过了《全国人民代表大会常务委员会关于修改

〈中华人民共和国安全生产法〉的决定》。国家主席习近平签署第八十八号主席令,该决定自2021年9月1日起施行。

安全生产工作坚持中国共产党的领导。

安全生产的理念:以人为本,坚持人民至上、生命至上,把保护人民生命安全摆在首位,树牢安全发展理念。

安全生产的方针:安全第一、预防为主、综合治理。

安全生产"三个必须"原则:管行业必须管安全、管业务必须管安全、管生产经营必须管安全。

安全生产工作机制:生产经营单位负责、职工参与、政府监管、行业自律和社会监督。

二、《中华人民共和国矿山安全法》

1992年11月7日,第七届全国人民代表大会常务委员会第二十八次会议通过,自1993年5月1日起施行。

矿山企业必须具有保障安全生产的设施,建立、健全安全管理制度,采取有效措施改善职工劳动条件,加强矿山安全管理工作,保证安全生产。

行政主管部门对矿山企业未对职工进行安全教育、培训,分配职工上岗作业的行为,要追究企业的法律责任。

三、《中华人民共和国消防法》

1998年4月29日,第九届全国人大常委会第二次会议审议通过了《中华人民共和国消防法》,自1998年9月1日起施行。

消防工作方针:预防为主、防消结合。

消防工作原则：政府统一领导、部门依法监管、单位全面负责、公民积极参与。

消防安全管理：实行消防安全责任制，建立健全社会化的消防工作网络。

任何单位和个人都有维护消防安全、保护消防设施、预防火灾、报告火警的义务。任何单位和成年人都有参加有组织的灭火工作的义务。

四、《中华人民共和国劳动法》

1994年7月5日，第八届全国人民代表大会常务委员会第八次会议通过，自1995年1月1日起施行。

劳动者享有平等就业和选择职业的权利、取得劳动报酬的权利、休息休假的权利、获得劳动安全卫生保护的权利、接受职业技能培训的权利、享受社会保险和福利的权利、提请劳动争议处理的权利以及法律规定的其他劳动权利。

劳动者应当完成劳动任务，提高职业技能，执行劳动安全卫生规程，遵守劳动纪律和职业道德。

劳动者依照法律规定，通过职工大会、职工代表大会或者其他形式，参与民主管理或者就保护劳动者合法权益与用人单位进行平等协商。

用人单位由于生产经营需要，经与工会和劳动者协商后可以延长工作时间，一般每日不得超过一小时；因特殊原因需要延长工作时间的，在保障劳动者身体健康的条件下延长工作时间每日不得超过三小时，但是每月不得超过三十六小时。

第二节 安全生产法规

一、《国务院关于进一步做好为农民工服务工作的意见》国发〔2014〕40号

到2020年,转移农业劳动力总量继续增加,每年开展农民工职业技能培训2000万人次,农民工素质显著提高、劳动条件明显改善,农民工群体逐步融入城镇,为实现农民工市民化目标打下坚实基础。

加强农民工安全生产和职业健康保护。强化高危行业和中小企业一线操作农民工安全生产和职业健康教育培训,将安全生产和职业健康相关知识纳入职业技能教育培训内容。

二、《国务院办公厅关于进一步做好农民工培训工作的指导意见》国办发〔2010〕11号

企业要把农民工纳入职工教育培训计划,确保农民工享受和其他在岗职工同等的培训待遇,并根据企业发展和用工情况,重点加强农民工岗前培训、在岗技能提升培训和转岗培训。鼓励企业依托所属培训机构或委托所在地定点培训机构,结合岗位要求和工作需要,组织农民工参加脱产、半脱产的技能培训和职业教育,推动技术工人特别是高级技工的技能提升培训。鼓励企业组织农民工参加职业技能竞赛。

农民工参加职业技能培训,按规定程序和要求考核合格后,颁发培训合格证书、职业能力证书或职业资格证书。对鉴定合格并获得职业资格证书的农民工,要按照规定给予一次性职业技能补贴。要加强对从事高危行业和特种作业农民工的专门培训。

三、《生产经营单位安全培训规定》

2006年1月17日,国家安全生产监督管理总局公布《生产经营单位安全培训规定》(国家安全生产监督管理总局令第 3 号),自 2006 年 3 月 1 日起施行。

1. 新工人上岗培训要求

新工人上岗培训要求

1. 高危行业新工人上岗:煤矿、非煤矿山、危险化学品、烟花爆竹、金属冶炼等生产经营单位必须对新上岗的临时工、合同工、劳务工、轮换工、协议工等进行强制性安全培训,保证其具备本岗位安全操作、自救互救以及应急处置所需的知识和技能后,方能安排上岗作业。
2. 其他行业新工人上岗:加工、制造业等生产单位的其他从业人员,在新上岗前必须经过厂(矿)、车间(工段、区、队)、班组三级安全培训教育。

生产经营单位应当根据工作性质对其他从业人员进行安全培训,保证其具备本岗位安全操作、应急处置等知识和技能。

2. 厂(矿)级岗前安全培训内容

厂(矿)级岗前安全培训内容

1. 本单位安全生产情况及安全生产基本知识。
2. 本单位安全生产规章制度和劳动纪律。
3. 从业人员安全生产权利和义务。
4. 有关事故案例等。
5. 煤矿、非煤矿山、危险化学品、烟花爆竹、金属冶炼等生产经营单位厂(矿)及安全培训除包括上述内容外,应当增加事故应急救援事故应急预案演练及防范措施等内容。

· 5 ·

3. 车间(工段、区、队)级岗前安全培训内容

(1)工作环境及危险因素;

(2)所从事工种可能遭受的职业伤害和伤亡事故;

(3)所从事工种的安全职责、操作技能及强制性标准;

(4)自救互救、急救方法、疏散和现场紧急情况的处理;

(5)安全设备设施、个人防护用品的使用和维护;

(6)本车间(工段、区、队)安全生产状况及规章制度;

(7)预防事故和职业危害的措施及应注意的安全事项;

(8)有关事故案例;

(9)其他需要培训的内容。

4. 班组级岗前安全培训内容

(1)岗位安全操作规程;

(2)岗位之间工作衔接配合的安全与职业卫生事项;

(3)有关事故案例;

(4)其他需要培训的内容。

5. 安全培训时间要求

生产经营单位新上岗的从业人员,岗前安全培训的时间不得少于24学时,每年进行至少8学时的再培训。煤矿、非煤矿山、危险化学品、烟花爆竹、金属冶炼等生产经营单位新上岗的从业人员安全培训时间不得少于72学时,每年再培训的时间不得少于20学时。建筑企业要对新职工进行至少32学时的安全培训,每年进行至少20学时再培训。

6. 重新上岗培训要求

从业人员在本企业内调整工作岗位或离岗一年以上重新上

岗时,应当重新接受车间(工段、区、队)和班组级的安全培训。

生产经营单位采用新工艺、新技术、新材料或者使用新设备,必须了解、掌握其安全技术特性,采取有效的安全防护措施,并对从业人员进行专门的安全生产教育培训。

四、《安全生产培训管理办法》

2011年,国家安全生产监督管理总局修订了《安全生产培训管理办法》,自2012年3月1日起施行。

安全培训是指以提高安全监管监察人员、生产经营单位从业人员和从事安全生产工作的相关人员的安全素质为目的的教育培训活动。

安全监管监察人员是指县级以上各级人民政府安全生产监督管理部门、各级煤矿安全监察机构从事安全监管监察、行政执法的安全生产监管人员和煤矿安全监察人员;

生产经营单位从业人员是指生产经营单位主要负责人、安全生产管理人员、特种作业人员及其他从业人员;

从事安全生产工作的相关人员是指从事安全教育培训工作

的教师,危险化学品登记机构的登记人员和承担安全评价、咨询、检测、检验的人员及注册安全工程师,安全生产应急救援人员等。

五、《特种作业人员安全技术培训考核管理规定》

2010年5月24日,国家安全生产监督管理总局公布《特种作业人员安全技术培训考核管理规定》,自2010年7月1日起施行。

特种作业是指容易发生事故,对操作者本人、他人的安全健康及设备、设施的安全可能造成重大危害的作业。例如:危险化学品安全作业、煤矿安全作业、烟花爆竹安全作业、电工作业、高处作业等。

特种作业人员必须经专门的安全技术培训并经考核合格,取得"中华人民共和国特种作业操作证"后,方可上岗作业。

特种作业人员应当接受与其所从事的特种作业相应的安全技术理论培训和实际操作培训。跨省、自治区、直辖市从业的特种作业人员,可以在户籍所在地或者从业所在地参加培训。

第二章　从业人员安全生产权利义务

《中华人民共和国安全生产法》及其相关法律法规对从业人员的安全生产基本权利和义务作了规定，同时规定生产经营单位使用被派遣劳动者或临时聘用人员的，被派遣劳动者和临时聘用人员也依法享有从业人员同等安全生产权利。

第一节　从业人员安全生产权利

一、劳动合同保障权

生产经营单位与从业人员订立的劳动合同，应当载明有关保障从业人员劳动安全、防止职业危害的事项，以及依法为从业人员办理工伤保险的事项。

生产经营单位不得以任何形式与从业人员订立协议，免除或减轻其对从业人员因生产安全事故伤亡依法承担的责任。

二、知情建议权

从业人员有权了解其作业场所和工作岗位存在的危险因素、防范措施及事故应急措施，有权对本单位的安全生产工作提出建议。

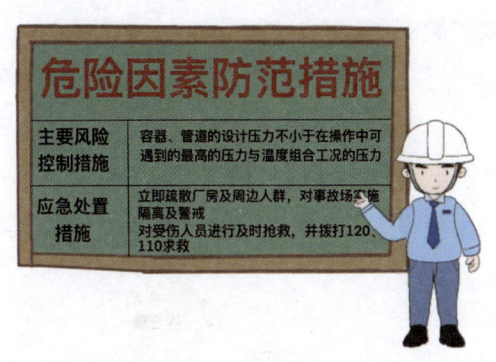

三、批评、检举、控告权

从业人员有权对本单位安全生产工作中存在的问题提出批评、检举、控告；有权拒绝违章指挥和强令冒险作业。

生产经营单位不得因从业人员对本单位安全生产工作提出批评、检举、控告或者拒绝违章指挥、强令冒险作业而降低其工资、福利等待遇或者解除与其订立的劳动合同。

四、紧急撤离权

从业人员发现直接危及人身安全的紧急情况时，有权停止作业或者在采取可能的应急措施后撤离作业场所。

生产经营单位不得因从业人员在前款紧急情况下停止作业或者采取紧急撤离措施而降低其工资、福利等待遇或者解除与其订立的劳动合同。

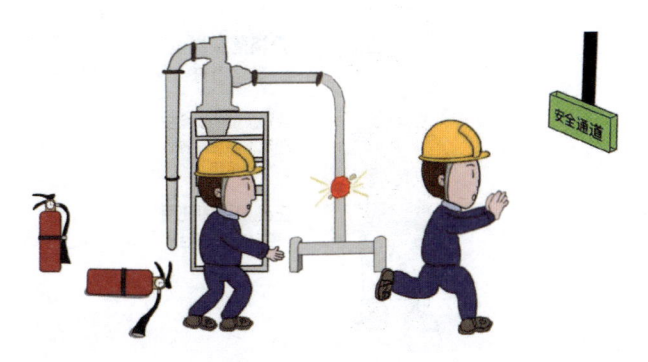

五、事故赔偿权

生产经营单位发生生产安全事故后,应当及时采取措施救治有关人员。

因生产安全事故受到损害的从业人员,除依法享有工伤保险外,依照有关民事法律尚有获得赔偿的权利的,有权提出赔偿。

第二节 从业人员安全生产义务

一、遵章守纪、服从管理

从业人员在作业过程中,应当严格落实岗位安全责任,遵守本单位的安全生产规章制度和操作规程,服从管理,正确佩戴和使用劳动防护用品。

二、接受安全生产教育培训

从业人员应当接受安全生产教育和培训,掌握本职工作所需的安全生产知识,提高安全生产技能,增强事故预防和应急处理能力。

三、发现事故隐患及时报告

从业人员发现事故隐患或者其他不安全因素,应当立即向现场安全生产管理人员或者本单位负责人报告;接到报告的人员应当及时予以处理。

第三章　安全生产警示标志

第一节　安全色

安全色是传递安全信息含义的颜色,表示禁止、警告、指令、提示等意义。安全色可以使作业人员及时对威胁安全和健康的物体及环境做出反应,保护自身安全,对于避免事故发生将起到积极的作用。

安全色广泛应用于安全标志牌、交通标志牌、防护栏及设备的部位等。

《中华人民共和国国家标准　安全色》(GB2893—2008,以下简称《安全色》)中采用了红、黄、蓝、绿四种颜色为安全色。

一、红色

表示禁止、停止、危险或提示消防设备、设施的信息。

《安全色》的红色就是千万不能这么干

二、黄色

表示注意、警告的信息。

《安全色》的黄色就是小心点不然容易出事

三、蓝色

表示必须遵守指令性的信息。

《安全色》的蓝色就是请按这个规矩做

四、绿色

表示提示安全信息。

《安全色》的绿色就是不知道怎么办跟我走吧

第二节　安全标志

根据国家标准规定,安全标志用以表达特定安全信息,由图形符号、安全色、几何形状(边框)或文字构成。

安全标志能够提醒人们注意不安全因素,防止事故的发生,起到保障安全的作用。当然,安全标志本身不能消除任何危险,也不能取代预防事故的相应设施。

一、安全标志的类型

安全标志分为禁止标志、警告标志、指令标志、提示标志四大类型。

我国《安全标志及其使用导则》(GB2894—2008)规定的警告标志共有39个,禁止标志共有40个,指令标志共有16个,提示标志共有8个。

二、四种常见安全标志的含义

1. 禁止标志

禁止标志是禁止人们不安全行为的图形标志。其基本形式为带斜杠的圆形框。圆环和斜杠为红色,图形符号为黑色,衬底为白色。

表3-1　常见禁止标志及应用场所

1		禁止吸烟标志:有甲、乙、丙类火灾危险物质的场所,如木工车间、油漆车间、沥青车间、纺织厂、印染厂等。
2		禁止带火种标志:有甲类火灾危险物质及其他禁止带火种的各种危险场所,如林区、草原等。
3		禁止放置易燃物标志:具有明火设备或高温的作业场所,如动火区,各种焊接、切割、锻造、浇注车间等场所。
4		禁止触摸标志:禁止触摸的设备或物体附近,如裸露的带电体、炽热物体,具有毒性、腐蚀性物体等处。

2.警告标志

警告标志是提醒人们对周围环境引起注意,以避免可能发生危险的图形标志。其基本形式是正三角形边框。三角形边框及图形为黑色,衬底为黄色。

表3-2　常见警告标志及应用场所

1		注意安全标志:易造成人员伤害的场所及设备等。
2		当心火灾标志:易发生火灾的危险场所,如可燃性物质的生产、储运、使用等地点。
3		当心中毒标志:剧毒品及有毒物质的生产、储运及使用场所。
4		当心电离辐射标志:能产生电离辐射危害的作业场所,如生产、储运、使用易产生电离辐射物质的作业区。

3. 指令标志

指令标志是强制人们必须做出某种动作或采用防范措施的图形标志。其基本形式是圆形边框。图形符号为白色,衬底为蓝色。

表 3-3　常见指令标志及应用场所

1		必须戴安全帽标志:头部易受外力伤害的作业场所,如伐木场、造船厂及起重吊装处等。
2		必须戴护耳器标志:噪声超过85dB的作业场所,如铆接车间、织布车间、射击场等处。
3		必须系安全带标志:易发生坠落危险的作业场所,如高处建筑、修理、安装等地点。
4		必须穿防护鞋标志:易伤害脚部的作业场所,如具有腐蚀、灼烫、触电、砸(刺)伤等危险的作业地点。

4. 提示标志

提示标志是向人们提供某种信息的图形标志。其基本形式是正方形边框。图形符号为白色,衬底为绿色。

表 3-4　常见提示标志及应用场所

1		紧急出口标志:便于安全疏散的紧急出口处,与方向箭头结合设在通向紧急出口的通道、楼梯口等处。
2		避险处标志:铁路桥、公路桥、矿井及隧道内躲避危险的地点。
3		应急避难场所标志:在发生突发事件时用于容纳危险区域内疏散人员的场所,如公园、广场等。

第四章　安全生产个体防护

个体防护用品是保护劳动者免受伤害的"最后一道防线",可以分为一般劳动保护用品和特种劳动防护用品,主要包括头部防护系列、听力防护系列、手足部防护系列、眼脸部防护系列、呼吸防护系列、高空作业防护系列、特殊防护服系列等。本章节主要介绍生产生活中常见的安全帽、防护服、安全带等防护用品。

第一节　安全帽

安全帽能够对人头部受坠落物及其他特定因素引起的伤害起防护作用，由帽壳、帽衬和下颏带等三部分组成。

帽壳：这是安全帽的主要部件，一般采用椭圆形或半球形薄壳结构。

帽衬：帽衬是帽壳内直接与佩戴者头顶部接触部件的总称，其由帽箍环带、顶带、护带、托带、吸汗带、衬垫及拴绳等组成。

下颏带：系在下颏上的带子，起固定安全帽的作用，下颏带由带和锁紧卡组成。没有后颈箍的帽衬，采用"Y"字形下颏带。

一、安全帽的正确穿戴步骤

第一步：检查安全帽是否在有效期内，外观完好，没有损坏。

第二步:将帽箍大小调整合适。

第三步:将安全帽由前至后扣于头顶。

第四步:调节后箍确保箍紧。

第五步:帽带"Y"型在耳朵下方。

第六步:检查下帽带。

第七步:检查安全帽戴紧、戴正。

第八步:除此之外,女性还要记得将头发盘入帽内。

二、安全帽使用注意事项

(1)选用与自己头型合适的安全帽,帽衬顶端与帽壳内顶必须保持 20~50mm 的空间。禁止使用帽内无缓冲层的安全帽。

(2)正确佩戴安全帽。

(3)要定期检查有没龟裂、下凹、裂痕和磨损等情况,发现异常要马上更换。

(4)施工人员在现场作业中,不可将安全帽脱下,搁置一旁,或当坐垫使用。

(5)在现场室内作业也要戴安全帽,特别是在室内带电作业时,因为安全帽不但可以防碰撞,并且能起到绝缘作用。

(6)安全帽如果较长时间不用,则需存放在干燥通风的地方,远离热源,不受日光的直射。

(7)安全帽的使用期限:塑料制的不超过 2.5 年;玻璃钢制的不超过 3.5 年。到期的安全帽要进行检验测试,符合要求方能继续使用。

第二节 防护服

防护服按防护功能分成如下几类:健康型防护服、安全型防护服和卫生型防护服。

一、防护服的正确穿脱步骤

本节以一般防护服为例,讲解防护服的正确穿脱顺序。

防护服穿戴步骤：

第一步：选择合适型号的防护服，查看有效期及密闭性，打开防护服检查有无破损。

第二步：防护服需要由下往上穿着。将拉链拉至底端，防护服不能触及地面，先穿下衣，再穿上衣、戴帽子。

第三步：袖口松紧设计，向上提拉袖口，整理好袖口的位置。

第四步：拉上拉链，密封拉链口。注意：防护服的颈部不能遮挡防护口罩。

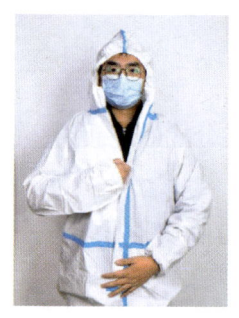

第五步:双人互检,若防护服未能完全贴合面部,可用胶带辅助固定。

防护服脱下步骤:

第一步:解开密封胶条,拉开拉链。

第二步:向上提拉翻帽,脱离头部,然后再脱手部袖子位置。

第三步:再自上而下脱下整件防护服,并且边脱边卷。

第四步:脱下防护服,将外侧污染面向里脱下后统一放入废

物袋,进行集中处理。

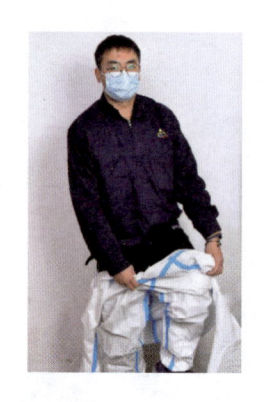

二、防护服使用注意事项

(1)按用途选择所需防护服。

(2)防护服的尺寸适合防护服穿戴者。

(3)防护服穿戴者需统一培训,学会防护服的使用方法。

(4)防护服里面穿戴长袖长裤,必要时两个人合作,遵循两人伴行的原则。

(5)在工作的过程中,要注意防护服必须在其规定的防护时间内更换。若防护服发生破损,应立即更换。

(6)脱下的防护用品要集中处理,避免在此过程中扩大污染。

第三节 安全带

安全带是防止坠落、保护高空及高处作业人员安全的主要个人防护用品。正确规范使用安全带,有利于避免坠落事故,减轻人员伤亡。

一、安全带的正确穿戴步骤

第一步:检查安全带。握住安全带背部衬垫的 D 型环扣,保证织带没有缠绕在一起。

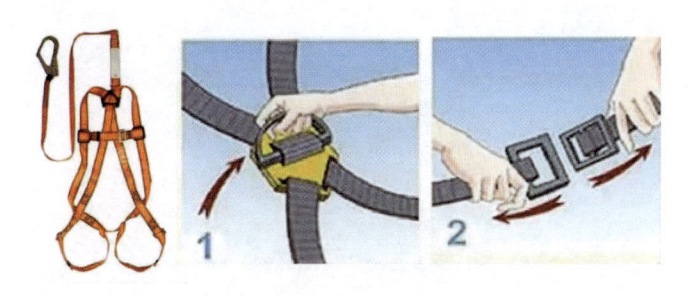

第二步：开始穿戴安全带。将安全带滑过手臂至双肩。保证所有织带没有缠结，自由悬挂。肩带必须保持垂直，让背部 D 型挂点处于两肩之间。

第三步：腿部织带。抓住腿带，将他们与臀部两边的织带上的搭扣连接，扣上腿环和腰环。试着做单腿前伸和半蹲，调整使用的两侧腿部织带长度相同。

第四步：胸部织带。将胸带通过穿套式搭扣连接在一起。胸带必须在肩部以下 15 厘米的地方，多余长度的织带穿入调整环中，

胸环处于正胸部。

第五步:调整安全带。在不影响活动的前提下收紧各个环带。

二、安全带使用注意事项

(1)每次使用安全带时,应查看标牌及合格证,检查尼龙带有无裂纹,缝线处是否牢靠,金属件有无缺少、裂纹及锈蚀情况,安全绳应挂在连接环上使用。

(2)安全带应高挂低用,并防止摆动、碰撞,避开尖锐物质,不能接触明火。

(3)作业时应将安全带的钩、环牢固地挂在系留点上

(4)安全带使用期为3~5年,发现异常应提前报废。在使用过程中,也需注意查看,在半年至1年内必须试验一次。

(5)受到严重冲击的安全带,即使外形未变化也禁止使用。

第四节　其他防护用品

一、手、足部防护用品及其注意事项

1. 手部防护

(1)手部常见的危害因素

火与高温、低温、电、化学物质、切割、刺穿、微生物侵害及感染等。

(2)手套的使用注意事项

①应针对工作性质,选用合适的手套,不得随意混用;

②耐酸碱手套使用前应仔细检查是否破损;

③绝缘手套应定期检验电绝缘性能,不符合规定的不能使用;

④橡胶或塑料材质的手套保存时,应避免高温。

2. 足部防护

(1)足部常见的危害因素

物体砸伤或刺伤、高低温伤害、化学性伤害、触电伤害与静电伤害等。

(2)防护鞋的使用注意事项

①根据作业条件选择适合的类型、合脚的大小;

②使用防护鞋前要认真检查或测试;

③防护鞋使用后要妥善保管。

二、呼吸防护及其注意事项

1. 呼吸防护用品

按照防护原理可分为过滤式和隔绝式两类。

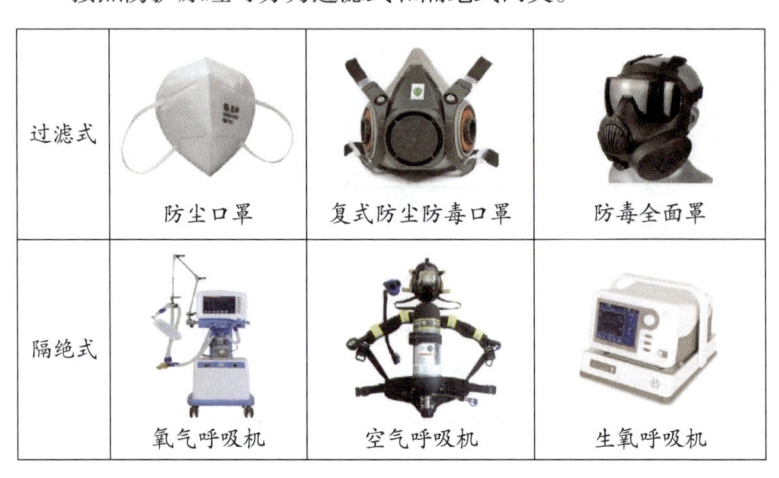

过滤式	防尘口罩	复式防尘防毒口罩	防毒全面罩
隔绝式	氧气呼吸机	空气呼吸机	生氧呼吸机

2.呼吸防护用品的使用注意事项

了解呼吸防护用品的局限性,在使用之前,应仔细阅读使用说明书或接受适当的使用培训。

三、耳部防护及其注意事项

1.耳部防护分类

防护耳罩也叫防噪音耳罩,主要功能就是防护噪音伤害。按照佩戴方式的区别,可以将防护耳罩分为三种:头戴式耳罩、挂安全帽式耳罩、颈带式耳罩。而防护耳罩能否发挥功效,跟能否正确佩戴息息相关。

| 头戴式耳罩 | 挂安全帽式耳罩 | 颈带式耳罩 |

2.耳罩佩戴注意事项

(1)在佩戴防护耳罩前应认真阅读说明书。

· 31 ·

(2)每种耳罩佩戴前都应拨开耳部四周毛发,调整耳罩杯在头箍、颈箍上的位置,使两耳位于罩杯中心,并完全掩盖耳廓。

(3)尽量保证耳罩杯垫与头部之间的密封。

第五章　安全生产双重预防机制

安全生产双重预防机制是指建立安全风险分级管控和隐患排查治理的双重预防性工作机制。构建风险分级管控与隐患排查治理双重预防机制，是落实党中央、国务院关于建立安全风险管控和隐患排查治理预防机制的重大决策部署，是实现纵深防御、关口前移、源头治理的有效手段。对于企业来说，安全生产双重预防体系能切实减少安全事故，避免财产损失，为企业的可持续发展打好基础。在社会层面来说，安全生产双重预防体系能促进社会的稳定。劳动者不是一个单独的个体，他们的背后是万千家庭，所以安全生产双重预防机制通过保障劳动者的人身安全，从而实现社会稳定发展的目标。

第一节　安全风险分级管控

一、安全风险及分级

1. 安全风险的概念

安全风险是安全事故（事件）发生的可能性与其后果严重性的组合。

2. 安全风险分级

安全风险等级从高到低划分为重大风险、较大风险、一般风险和低风险，分别用红、橙、黄、蓝四种颜色标示。

二、安全风险辨识及控制

1. 风险辨识的内容

风险辨识是指针对不同风险种类及特点,识别其存在的危险、危害因素,分析可能产生的直接后果以及次生、衍生后果。从业人员可以根据岗位工作内容和流程,详细分析每一项操作可能会发生什么样的事故,辨识所在岗位存在的潜在风险。

2. 安全风险控制原则

采取风险控制措施的原则是按以下顺序考虑降低风险:

(1)消除;(2)替代;(3)工程技术控制措施;(4)标志、警告和(或)管理控制措施;(5)个体防护装备。

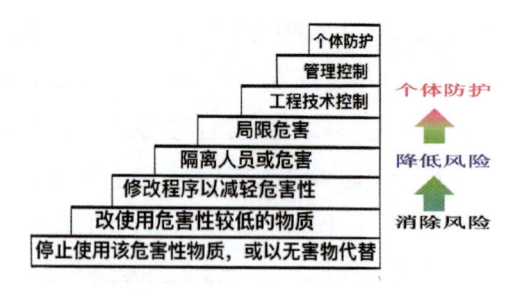

| 个体防护 |
| 管理控制 |
| 工程技术控制 |
| 局限危害 |
| 隔离人员或危害 |
| 修改程序以减轻危害性 |
| 改使用危害性较低的物质 |
| 停止使用该危害性物质,或以无害物代替 |

个体防护 ↑
降低风险 ↑
消除风险 ↑

三、如何规避风险

1. 拒绝"三违"现象

"三违"行为指违章指挥、违章操作和违反劳动纪律。当不具备安全生产条件时,作业人员可以拒绝接受生产任务;对违章指挥行为及时提出批评并予以纠正。

桶装汽油附近严禁烟火

汽油

· 34 ·

(1)常见的违章行为

①不按规定正确佩戴和使用各类劳动保护用品;

②不按操作规程、工艺要求操作设备,擅自用手代替操作、用手清除切屑、用手拿工件进行机加工等;

③忽视安全和警告,冒险进入危险区域,攀、坐不安全位置(如平台护栏、吊篮等);

④不按规定及时清理作业现场,清除的废料、垃圾不向规定地点倾倒,工件和附件任意摆放,堵塞通道。

(2)违反劳动纪律的主要表现

①上班前饮酒,甚至上班时间饮酒;

②工作时间乱开玩笑,嬉戏打闹;

③在禁区内随意吸烟,乱扔烟头;

④不坚守岗位,随意串岗聊天;

⑤工作时精神不集中,思想开小差;

⑥无视纪律,自由散漫,操作时马虎敷衍。

2. 做到"四不伤害"

"四不伤害"即不伤害自己、不伤害他人、不被他人伤害、保护他人不受伤害。

(1)不伤害自己

①虚心接受他人对自己不安全行为的纠正;

②掌握自己操作的设备或活动中的危险因素及控制方法,遵

守安全规则,使用必要的防护用品,不违章作业;

③任何活动或设备都可能是危险的,确认无伤害威胁后再实施;

④杜绝侥幸、自大、逞能、想当然心理,不以患小而为之;

⑤积极参加安全教育培训和应急训练,提高识别和处理危险的能力。

（2）不伤害他人

①尊重他人生命，不制造安全隐患；

②对不熟悉的活动、设备、环境，多听、多看、多问，必要时沟通协商后再做；

③操作设备尤其是启动、维修、清洁、保养时，要确保他人在免受影响的区域；

④你所知道的和造成的危险应及时告知受影响的人员，加以消除或予以标识；

⑤对所接收到的安全规定、标识指令，认真理解后执行；

⑥管理者对危害行为的默许纵容是对他人最严重的威胁。
（3）不被他人伤害
①提高自我防护意识,保持警惕,及时发现并报告危险；
②拒绝他人的违章指挥,不被伤害是你的权利；
③不忽视已标识的、潜在的危险并远离之,除非得到充足防护及安全许可；

④纠正他人可能危害自己的不安全行为,不伤害生命比不伤害情面更重要；
⑤安全知识及经验与同事共享,帮助他人提高事故预防技能；

⑥冷静处理所遭遇的突发事件,正确应用所学安全技能。

(4)保护他人不受伤害

①任何人在任何地方发现任何事故隐患都要主动告知或提示他人;

②为团队贡献安全知识,与他人分享经验;

③提出安全建议,互相交流;

④提示他人遵守各项规章制度和安全操作规范;

⑤关注他人身体、精神状况等方面的异常变化;

⑥一旦发生事故,在保护自己的同时要主动帮助身边的人摆脱困境。

第二节　隐患排查治理

事故隐患为失控的危险源,是指伴随着现实风险,发生事故的概率较大的危险源。事故隐患一般包括人(人的不安全行为)、物(物的不安全状态)、环(作业环境的不安全因素)、管(安全管理缺陷)等4个方面。

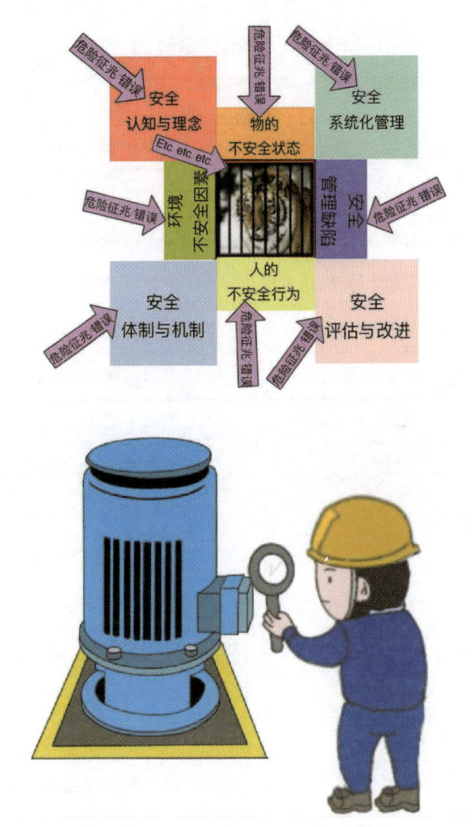

生产作业过程中的危险有害因素分为人的因素、物的因素、环境因素和管理因素四大类。在进行隐患排查治理时也应从这四个方面着手进行排查。

一、人的行为隐患排查

人在作业活动中的不安全行为是与生产作业各环节有关的，来自人员自身或人为性质的危险和有害因素，主要分为13大类，包含：心理、生理性危险和有害因素以及行为性危险和有害因素。在排查人在作业活动中存在的行为性隐患时，可从以下13大类不安全行为的具体表现中开展排查。

表 5-1 人的不安全行为

序号	不安全行为	序号	不安全行为
1	操作失误、忽视安全、忽视警告	4	用手代替工具操作
1.1	未经许可开动、关停、移动机器	4.1	用手代替手动工具
1.2	开动、关停机器未给信号	4.2	用手清除切屑
1.3	开关未锁紧，造成意外转动、通电等	4.3	不用夹紧固件，手拿工件进行加工
1.4	忘记关闭设备	5	物件存放不规范
1.5	忽视警告标志、警告信号	6	进入危险场所
1.6	操作按钮、阀门、扳手等错误	6.1	进入吊装危险区
1.7	供料或送料速度过快	6.2	进入有明火的易燃易爆场所
1.8	机器超速运转	6.3	冒险进入禁止信号出现区域
1.9	酒后作业	7	攀、坐不安全位置
1.10	冲压机作业时,手伸进冲压模	8	在起吊物下作业或停留
1.11	工件固定不牢	9	机器运转加油、检修、焊接、清扫等
1.12	用压缩空气吹扫铁屑	10	有分散注意力行为
2	造成安全装置失效	11	忽视使用防护用品
2.1	拆除安全装置	12	防护用品不规范
2.2	调整错误造成安全装置失灵	12.1	旋转设备附近工作穿肥大衣服
3	使用不安全设备	12.2	操作带有旋转零部件设备时戴手套
3.1	临时使用不固定设备	13	其他类型的不安全行为
3.2	使用无安全装置设备		

人在生产作业区域常见的不安全行为表现：

（1）未在指定的安全通道上行走。

（2）横穿通道时，忽略左右两边情况，在未确认有无车辆行驶时即通行。

（3）有人行横道线的地方，不走人行横道线。

（4）在进行吊装作业桥式行车下行走；在吊运的物件下通行或停留。

（5）擅自进入设有危险警示标志的区域，如危险品堆放区、高处作业的下方。

（6）在设备、设施或传送带上行走。

二、物的状态隐患排查

物的不安全状态是机械、设备、设施、材料等方面存在的危险和有害因素，主要分为4大类。在排查物的因素安全隐患时，可从以下4大类物的不安全状态的具体表现开展排查。

表5-2 物的不安全状态

序号	不安全状态分类	序号	不安全状态分类
1	防护、保险、信号等装置缺陷	2.8	起吊绳索不符要求
1.1	无防护罩	2.9	设备带"病"运行
1.2	无安全保险装置	2.10	设备超负荷运转
1.3	无报警装置	2.11	设备失修
1.4	无安全标志	2.12	地面不平
1.5	无护栏或护栏损坏	2.13	设备保养不良、设备失灵
1.6	电气未接地	3	个人防护用品等缺少或缺陷
1.7	绝缘不良	3.1	无个人防护用品、用具
1.8	危房内作业	3.2	防护用品不符合安全要求
1.9	防护罩未在适当位置	4	生产场地环境不良
1.10	防护装置调整不当	4.1	照明不足
1.11	电气装置带电部位裸露	4.2	烟尘弥漫视线不清
2	设备、设施、工具、附件有缺陷	4.3	光线过强、过弱
2.1	设计不当、结构不合安全要求	4.4	通风不良
2.2	制动装置缺陷	4.5	作业场地狭窄
2.3	安全距离不够	4.6	作业场地杂乱
2.4	拦网有缺陷	4.7	地面滑
2.5	工件有锋利倒棱	4.8	操作工序设计和配置不合理
2.6	绝缘强度不够	4.9	环境潮湿
2.7	机械强度不够	4.10	高温、低温

三、作业环境隐患排查

生产作业环境中存在的危险和有害因素主要包括:室内作业场所环境不良、室外作业场地环境不良、地下(含水下)作业环境不良及其他作业环境不良。在进行作业环境隐患排查时,可从以上几个方面开展排查。

四、管理因素隐患排查

由于管理和管理责任缺失所导致的危险和有害因素主要包括:职业安全卫生组织机构不健全、职业安全卫生责任制未落实、职业安全卫生管理规章制度不完善、职业健康管理不完善及其他管理因素缺陷。在进行管理隐患排查时,可从以上几个方面开展排查。

别把自己的生命与健康不当事

1. 员工个人的份量只占公司1%甚至1‰。
2. 任何员工在家庭中的份量至少占25%。
3. 事故企业能赔得起,员工输不起。
4. 企业仍要发展,而你却改变了一切。
5. 不要把自身的安全与健康交给任何人。

第六章　危险作业安全要求

危险作业是指操作过程安全风险较大,容易发生人身伤亡或设备损坏,安全事故后果严重,需要采取特别控制措施的作业。

所有危险作业均需办理作业审批手续,填写安全作业票(证),由相关责任人签字确认后,方可进行作业。

危险作业中属于特种作业的(如用电作业、高处作业、危化品特种作业等),作业人员需要经过安全培训机构进行培训,并经考核合格取得上岗证后才能进行相应岗位操作。

第一节　用电作业

一、在运行的生产装置、罐区和具有火灾爆炸危险场所内不应接临时电源,确需时应对周围环境进行可燃气体检测分析,分析结果应符合相关规定,且临时用电时间严禁超过所提供服务的特殊作业的有效时间。

二、各类移动电源及外部自备电源,不应接入电网。

三、动力和照明线路应分路设置。

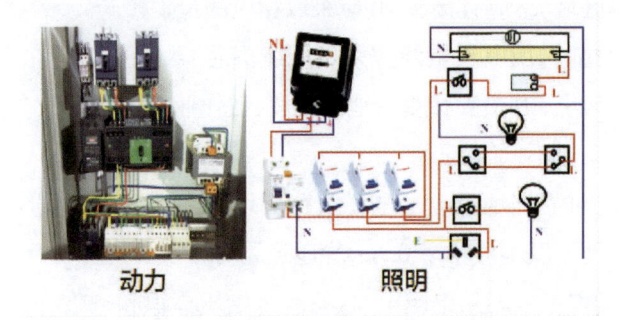

动力　　　　　　　照明

四、在开关上接引、拆除临时用电线路时,其上级开关应断电并加挂安全警示标牌。

停电检修
禁止合闸

五、临时用电应设置保护开关,使用前应检查电气装置和保护设施的可靠性。所有的临时用电均应设置接地保护。

六、临时用电设备和线路应按供电电压等级和容量正确使用。

所用的电器元件应符合国家相关产品标准及作业现场环境要求,临时用电电源施工、安装应符合有关要求,并有良好的接地,临时用电还应满足如下要求:

(1)火灾爆炸危险场所应使用相应防爆等级的电源及电气元件,并采取相应的防爆安全措施。

(2)临时用电线路及设备应有良好的绝缘,所有的临时用电线路应采用耐压等级不低于500V的绝缘导线。

（3）临时用电线路经过有高温、振动、腐蚀、积水及产生机械损伤等区域,不应有接头,并应采取相应的保护措施。

（4）临时用电架空线应采用绝缘铜芯线,并应架设在专用电杆或支架上。其最大弧垂与地面距离,在作业现场不低于 2.5m,穿越机动车道不低于 5m。

（5）对需埋地敷设的电缆线路应设有走向标志和安全标志。电缆埋地深度不应小于 0.7m,穿越道路时应加设防护套管。

（6）现场临时用电配电盘、箱应有电压标识和危险标识,应有防雨措施,盘、箱、门应能牢靠关闭并上锁管理。

（7）行灯电压不应超过 36V;在特别潮湿的场所或塔、釜、槽、罐等金属设备内作业,临时照明行灯电压不应超过 12V。

（8）临时用电设施应安装符合规范要求的漏电保护器,移动工具、手持式电动工具应逐个配置漏电保护器和电源开关。

七、临时用电单位未经批准,严禁向其他单位转供电或增加用电负荷,以及变更用电地点和用途。

八、临时用电时间一般不超过 15 天,特殊情况不应超过一个月。用电结束后,用电单位应及时通知供电单位拆除临时用电线路。

第二节　动火作业

动火作业人员需持证上岗(作业许可证)、逐项检查防火措施落实情况;动火部位与作业许可票(证)相符、监护人在动火作业期间确需离开作业现场时,应收回动火人的动火许可票(证),暂停动火。

动火作业是指直接或间接产生明火的工艺设备以外的禁火区内可能产生火焰、火花或炽热表面的非常规作业,如使用电焊、气焊(割)、喷灯、电钻、砂轮、喷砂机等进行的作业。

一、一般动火操作安全要求

(1)动火作业前应清除动火现场及周围的易燃物品,或采取其他有效安全防火措施,并配备消防器材,满足作业现场应急需求。

(2)动火点周围或其下方如有可燃物、电缆桥架、空洞、窨井、地沟、水封设施等,应检查分析并采取清理或封盖等措施;对于动火点周围 30m 内有可能泄漏易燃、可燃物料的设施,应采取隔离措施。

(3)凡在盛有或盛装过易燃易爆危险化学品的设备、管道等生产、储存设施及甲、乙类区域的生产设备上的动火作业,应将上

述设备设施与生产系统彻底隔离,并进行清洗、置换,分析合格后方可作业。严禁以水封或关闭阀门代替盲板作为隔断措施。因条件限制无法进行清洗、置换而确需动火作业时按特级动火作业要求规定执行,对无法用盲板隔离的大口径管道上的动火应,按特级动火作业要求规定执行。

(4)拆除管线进行动火作业时,应先探明其内部介质及其走向,并根据所要拆除管线的情况制订安全防护措施。

(5)在有可燃物构件和使用可燃物做防腐内衬的设备内部进行动火作业时,应采取防火隔绝措施。

(6)存在受热后可能释放出有害物质材料的设备内部,未采取有效隔绝及防护措施时,严禁动火。

(7)作业过程中可能释放出易燃易爆物质的设备上,未采取有效防范措施时,严禁动火。

(8)在生产、使用、储存氧气的设备上进行动火作业时,设备内氧含量不应超过23.5%。

(9)油气罐区同一防火堤内,动火作业不应与切水作业同时进行。

(10)动火期间,距动火点30m内不应排放可燃气体;距动火点15m内不应排放可燃液体;在动火点15m范围内、动火点上方及下方不应同时进行可燃溶剂清洗或喷漆等作业。

(11)厂内铁路沿线25m以内的动火作业,如遇装有危险化学品的火车通过或停留时,应立即停止。

(12)使用气焊、气割动火作业时,乙炔瓶应直立放置,氧气瓶与乙炔瓶的间距不应小于5m,二者与作业地点间距不应小于10m,并应设置防晒设施与防倾倒措施。

(13)作业完毕后应清理现场,确认无残留火种后方可离开。

(14)遇五级风以上(含五级)天气,原则上禁止露天动火作业;因生产确需动火,动火作业应升级管理。

(15)使用电焊机作业时,电焊机不应放置在运行的生产装置、罐区和具有火灾爆炸危险场所内,否则按照动火作业的要求进行动火分析。

二、特级动火作业安全要求

特级动火作业在符合一般动火操作人员安全要求规定的同时,还应符合以下规定:

(1)应预先制定作业方案,落实安全防火措施,必要时可请专职消防队在现场监护。

(2)动火点所在的车间(分厂)应预先通知单位生产协调、组织部门及其他相关部门,使之在异常情况下能及时采取相应的应急措施。

(3)应在正压条件下进行作业。

(4)应保持作业现场通排风良好。

(5)动火现场应配置便携式或移动式可燃气体检测仪,连续监测动火作业点周围可燃气体浓度,发现可燃气体浓度超限报警,须立即停止作业。

三、动火作业分析

作业前应进行动火分析,要求如下:

(1)动火分析的监测点要有代表性,在较大的设备内动火,应对上、中、下各部位进行监测分析;在较长的物料管线上动火,应在彻底隔绝区域内分段分析;在管道外侧动火,应对管道采取隔绝措施,并对管道内的危险物质进行分析。

(2)在设备外部动火,应在动火点 10m 范围内进行动火分析;在设备外壁动火,除满足以上要求,还应对设备内部进行动火分析。

(3)动火分析与动火作业间隔一般不超过 30 分钟。

(4)作业中断时间超过 30 分钟应重新分析。每日动火前均应进行动火分析;特级动火作业期间应随时进行监测。

(5)使用便携式、移动式可燃气体检测报警仪或其他类似手段进行分析时,气体检测报警仪应按照有关规定进行检测合格方可使用,特殊情况需要进行标准气浓度标定。

(6)动火分析合格标准为:被测可燃气体或蒸气浓度应不大

于10%爆炸下限。

第三节 高处作业

高处作业是指在距坠落基准面2m及2m以上有可能坠落的高处进行的作业。

一、高处作业属于特种作业,需参加安全培训机构学习并取得上岗证后才能进行高处作业操作。

二、凡患高血压、心脏病、贫血病、癫痫病、精神病以及其他不适合高处作业疾患的人员,不得从事高处作业。

三、作业人员应正确佩戴符合要求的安全带。

带电高处作业应使用绝缘工具或穿均压服。Ⅳ级高处作业(30m以上)宜配备通讯联络工具。

四、高处作业应设专人监护,作业监护人应承担以下职责：

(1)了解作业区域或岗位的周边环境和风险,熟悉应对突发事件的处置程序。

(2)作业监护人在作业前,负责对安全措施落实情况进行检查,发现安全措施不落实或不完善时,应制止作业。

(3)当发现高处作业内容与安全作业票(证)不相符,或者相关安全措施不落实时,应制止作业;作业过程中出现异常时,应及时采取措施,终止作业。

(4)作业过程中,监护人不得随意离开现场,确需离开时,收回安全作业票(证),暂停作业。

(5)应根据实际需要配备符合标准安全要求的吊笼、梯子、挡脚板、跳板等;脚手架的搭设应符合国家有关标准,并经过验收合格、悬挂合格标识牌后方可使用。

(6)在彩钢板屋顶、石棉瓦、瓦棱板等轻型材料上作业,应铺设牢固的脚手板并加以固定,脚手板上要有防滑措施。

(7)在邻近排放有毒、有害气体、粉尘的放空管线或烟囱等场所进行作业时,应预先与作业所在地有关人员取得联系、确定联络方式,并为作业人员配备必要的且符合相关国家标准的防护用品(如隔绝式呼吸防护装备、过滤式防毒面具或口罩等)。

高空作业
注意安全

未验收合格
不许使用

若有粉尘
需佩戴
防护措施

(8)雨天和雪天作业时,应采取可靠的防滑、防寒措施;遇有五级以上强风、浓雾等恶劣气候,不应进行高处作业、露天攀登与悬空高处作业;暴风、雷、台风、暴雨后,应对作业安全设施进行检查,发现问题立即处理。

(9)作业过程中使用的工具、材料、零件等应装入工具袋,上下架板时手中不应持物,不应投掷工具、材料及其他物品。易滑动、易滚动的工具、材料堆放在脚手架上时,应采取防坠落措施。

(10)与其他作业交叉进行时,应按指定的路线上下,不应上下垂直作业,如果确需垂直作业应采取可靠的隔离措施。

(11)作业人员不应在作业处休息。

(12)作业人员在作业中如果发现异常情况,应及时发出信号,并迅速撤离现场。

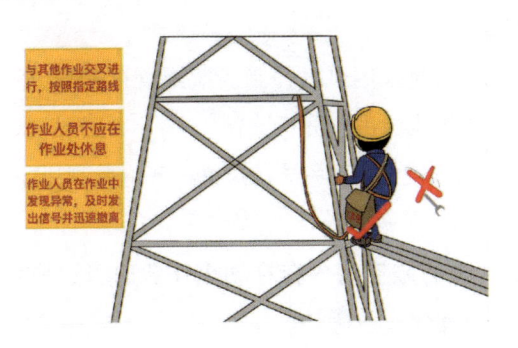

(13)拆除脚手架、防护棚时,应设警戒区并派专人监护,不应上部和下部同时施工。

第四节　有限空间作业

有限空间是指进出口受限,通风不良,包括封闭、半封闭的设备、设施及场所,如反应器、塔、釜、槽、罐、炉膛、锅筒、管道以及地下室、窖井、坑(池)、下水道或其他封闭、半封闭场所。

一、有限空间作业需持证上岗(作业许可证)。

1. 应对有限空间进行安全隔绝要求
   - 与有限空间连通的可能危及安全作业的管道,应采用插入盲板或拆除管道的方式进行隔绝
   - 与有限空间连通的可能危及安全作业的孔应进行严密封堵
   - 有限空间内的用电设备应停止运行并切断电源,在电源开关处上锁加警牌

2. 对有限空间进行清洗置换,气体检测要求
   - 氧含量为19.5%~21%,富氧环境不应大于23.5%
   - 有毒物质允许浓度应符合相关规定
   - 可燃气体、蒸汽浓度不大于10%LEL

二、应保持有限空间空气流通良好,可采取如下措施:

(1)打开人孔、手孔、料孔、风门、烟门等与大气相通的设施进行自然通风。

(2)必要时,应采用风机强制通风或管道送风,管道送风前应对管道内介质和风源进行分析确认。

三、应对有限空间内的气体浓度进行严格监测,监测要求如下图所示。

四、当一处有限空间内存在动火作业时,该处有限空间内严禁安排涂刷等其他作业活动。

五、进入有限空间作业人员应按规定着装并正确佩戴相应的个体防护用品,进入下列有限空间作业应采取如下防护措施:

作业前30min内,对有限空间进行气体分析,分析合格后进入

容积较大的有限空间,应对上中下各部位进行监测分析

分析仪器应在校验有效期内,使用前保证其处于正常工作状态

监测人员进入或探入有限空间监测应采取规定的个体防护措施

发现气体浓度超限报警,对现场进行处理,分析合格后可恢复作业

涂刷具挥发性溶剂的涂料时,采取强制通风措施

作业中断时间超过60min应重新分析

合格

（1）缺氧或有毒的有限空间经清洗或置换仍达不到要求的,应佩戴隔绝式呼吸防护装备,并应拴带救生绳。

（2）易燃易爆的有限空间经清洗或置换仍达不到要求的,应穿防静电工作服及防静电工作鞋,使用防爆型低压灯具及防爆工具。

（3）存在酸碱等腐蚀性介质的有限空间,应穿戴防酸碱防护服、防护鞋、防护手套等防腐蚀用品。

（4）电焊作业,应穿戴绝缘鞋。

（5）进入有噪声产生的有限空间,应佩戴耳塞或耳罩等防噪声护具。

（6）进入有粉尘产生的有限空间,应佩戴防尘口罩、眼罩等防尘护具。

（7）进入高温的有限空间作业时,应穿戴高温防护用品,必要时采取通风、隔热、佩戴通信设备等防护措施。

（8）进入低温的有限空间作业时,应穿戴低温防护用品,必要时采取供暖、佩戴通信设备等措施。

（9）在有限空间内从事清污作业,应佩戴隔绝式呼吸防护装备,并应拴带救生绳。

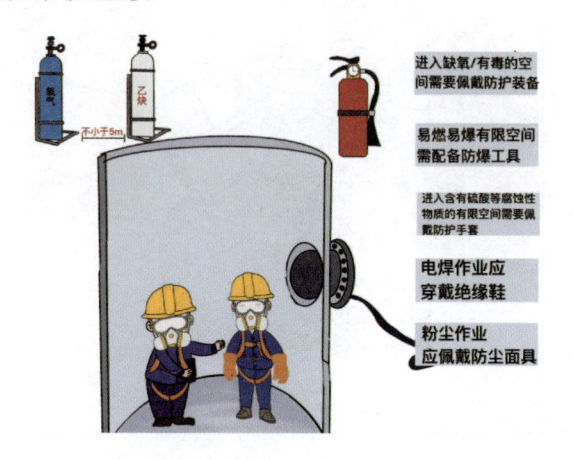

六、有限空间作业照明及用电安全要求如下：

(1)有限空间照明电压应小于等于36V,在潮湿容器、狭小容器内作业电压应小于等于12V。

(2)在潮湿容器中,作业人员应站在绝缘板上,同时保证金属容器接地可靠。

七、有限空间应满足的其他要求如下：

(1)有限空间外应设置安全警示标志,备有隔绝式呼吸防护装备、消防器材和清水等相应的应急器材及用品。

(2)有限空间出入口应保持畅通。

(3)作业前后应清点作业人员和作业工器具。

(4)作业人员不应携带与作业无关的物品进入有限空间;作业中不应抛掷材料、工器具等物品;在有毒、缺氧环境下不应摘下防护面具;不应向有限空间充氧气或富氧空气;离开有限空间时应将气割(焊)工器具带出。

(5)难度大、劳动强度大、时间长、高温的有限空间作业应采取轮换作业方式。

（6）作业结束后,有限空间所在单位和作业单位共同检查有限空间内外,确认无问题后方可封闭有限空间。

（7）有限空间安全作业证有效期不应超过24小时,超过24小时的作业应重新办理作业审批手续。

（8）作业期间发生异常情况时,严禁无防护救援。

（9）有限空间作业停工期间,应增设警示标志,并采取防止人员误入的措施。

（10）使用便携式、移动式可燃气体检测报警仪或其他类似手段进行分析时,检测报警仪应按有关规定进行检测合格方可使用,特殊情况需要进行标准气体浓度标定。

第五节 粉尘涉爆作业

一、上岗前劳保用品穿戴整齐,正确穿戴好棉质工作服、导静电布面胶底鞋、棉质帽、棉质手套和防尘口罩,严格执行班组安全管理制度,不得酒后上岗。

二、进入作业区域要进行检查,厂房、料场等涉爆粉尘区域不得吸烟。

三、搬运烟花爆竹前应当进行人体静电消除,应检查烟花爆

竹是否绑实,不得有碰撞、拖拉、抛摔、翻滚、摩擦、挤压等行为,不得使用铁质工具。

四、日常上料、清理过滤器、更换阀门等作业,现场积粉必须使用铜质清扫工具清理干净。

五、粉尘涉爆区域动火作业应办理"动火证",动火作业前,应检查电焊、气焊、手持电动工具等动火工器具本质安全程度,保证安全可靠。动火作业应有专人监护,动火作业前应清除动火现场的易燃物品或现场积聚的粉尘,配备足够、适用的消防器材;动火作业完毕,动火人和监护人以及参与动火作业的人员应清理现场,现场做好检查确认,监护人确认无残留火种后方可离开。

六、凡在有涉爆粉尘的喷吹罐、仓储装置设备、喷吹管道等设备上动火作业,应将其设备停止运行,必须根据物体和气体各自的性质,先氮气置换、清扫,并将储罐内存粉清理干净,不得存有积粉。在达不到燃烧和爆炸的前提下,方可准许动火作业。

七、涉爆粉尘的存储罐、仓储装置、管道等设备应当经常检查其完好性和安全性,设备内的粉尘应当及时清扫处置,避免杂质混入。

八、有粉尘涉爆仓库内应当保持卫生整洁,通道畅通,物品摆放整齐,符合规范要求,不超量储存。按规定进行检查,发现破损物品应及时移除,发现隐患应及时报告和处理,及时消除。

第六节　危险化学品作业

危化品特种作业需要经过安全培训机构进行培训,并经考核合格取得上岗证后才能进行相应岗位操作。

一、危险化学品分类标志

爆炸品标志 　　　自燃物品标志

氧化剂标志　　　　有毒品标志

二级放射性物品标志　　　　腐蚀品标志

二、危险化学品生产使用作业

(1)生产和使用危险化学品时按相应危化品特性做好个人防护,检查现场是否提供危化品安全技术说明书和告知应急措施、是否配备齐全必要急救物品并有标识。

(2)生产过程中严格执行操作规程,严禁跑、冒、滴、漏和乱排乱放。

(3)在使用过程中产生的废液、废渣、变质料以及使用的容器,应集中收集在一起,统一处理直至符合要求,严禁直接倒入下水道。

三、危险化学品搬运装卸作业基本要求

(1)危险化学品运输的驾驶员、装卸人员及押运人员应定期培训,必须了解所运载的危险化学品的性质、危害特性、包装容器的使用特性、运输注意事项和发生意外时的应急措施,作业现场配备必要的应急处理器材和防护用品。

(2)装卸危险品应轻搬轻放,防止撞击摩擦,摔碰震动。液体铁桶包装卸垛,不可用快速溜放的办法,以防止包装破损。对破损包装需修理时,必须移至安全地点,整修后再搬运,整修时不得使用可能发生火花的工具。

(3)散落在地面上的物品,应及时清除干净。对于没有利用价值的废物,应采用合适的物理或化学方法处置,以确保安全。

(4)装卸作业完毕后,应及时洗手、脸、漱口或沐浴。中途不得饮食、吸烟。并且必须保持现场空气流通,防止沾染皮肤、黏膜等。装卸人员发现头晕、头痛等中毒现象,按救护知识进行急救,严重者应立即送医院治疗。

(5)两种性能相互抵触的物资,不得同时装卸。对怕热、怕潮物资,装卸时要采取隔热、防潮措施。

四、压缩气体和液化气体装卸作业

(1)贮存压缩气体和液化气体的钢瓶应是高压容器,装卸搬运作业时,应用抬架或搬运车,防止撞击、拖拉、摔落,不得溜坡滚动。

(2)搬运前应检查钢瓶阀门是否漏气,搬运时不要把钢瓶阀对准人身,注意防止钢瓶安全帽跌落。

(3)装卸有毒气体钢瓶,应穿戴防毒用具。剧毒气体钢瓶要当心漏气,防止吸入毒气。

(4)搬运氧气钢瓶时,工作服和装卸工具不得沾有油污。

(5)易燃气体严禁接触火种,在炎热季节搬运作业,应安排在早晚阴凉时。

五、易燃液体装卸作业

（1）装卸搬运作业前应先进行通排风。

（2）装卸搬运过程中不能使用黑色金属工具，必须使用时应采取可靠的防护措施；装卸机具应装有防止产生火花的防护装置。

（3）在装卸搬运时必须轻拿轻放，严禁滚动、摩擦、拖拉。

（4）夏季运输要安排在早晚阴凉时间进行作业；雨雪天作业要采取防滑措施。

（5）罐车运输要有接地链。

六、易燃固体装卸作业

易燃固体燃点低，对热、撞击、摩擦敏感，容易被外部火源点燃，而且燃烧迅速，并散发出有毒气体。在装卸搬运时除按易燃液体的要求处理外，作业人员禁止穿带铁钉的鞋，不可与氧化剂、酸类物资共同搬运。搬运时散落在地面上和车厢内的粉末，要随即以湿黄砂抹擦干净。装运时要捆扎牢固，使其不摇晃。

七、遇水燃烧物品装卸作业

（1）要注意防水、防潮，雨雪天没有防雨设施不准作业。若有汗水应及时擦干,绝对不能直接接触遇水燃烧物品。

(2)在装卸搬运中不得翻滚、撞击、摩擦、倾倒,必须做到轻拿轻放。

(3)电石桶搬运前须先放气,使桶内乙炔气放尽,然后搬动。须两人扛抬的搬运,严禁滚桶、重放、撞击、摩擦,防止引起火花。工作人员须站在桶身侧面,避免人身冲向电石桶面或底部,以防爆炸伤人。不得与其他类别危险化学品混装混运。

八、氧化剂装卸作业

氧化剂在装运时除了注意以上规定外,应单独装运,不得与酸类、有机物、自燃、易燃、遇湿易燃的物品混装混运。一般情况下,氧化剂也不得与过氧化物配装。

九、毒害物品及腐蚀物品装卸作业

(1)在装卸搬运时,要严格检查包装容器是否符合规定,包装必须完好。

(2)作业人员必须穿戴防护服、胶手套、胶围裙、胶靴、防毒面具等。

(3)装卸剧毒物品时要先通风,再作业,作业区要有良好的通风设施。剧毒物品在运输过程中必须派专人押运。

(4)装卸要平稳,轻拿轻放,严禁肩扛、背负、冲撞、摔碰,以防止包装破损。

(5)严禁作业过程中饮食;作业完毕后必须更衣洗澡;防护用具必须清洗干净后方能再用。

(6)装运剧毒品的车辆和机械用具,都必须彻底清洗,才能装运其他物品。

(7)装卸现场应备有清水、苏打水和稀醋酸等,以备急用。

(8)腐蚀物品装载不宜过高,严禁架空堆放;坛装腐蚀品运输时,直套木架或铁架。

第七章　作业现场应急处置

应急处置就是对突发险情、事故、事件等采取紧急措施或行动,进行应对处置。

应急处置原则:

(1)及时的原则:包括及时撤离人员、及时报告上级有关主管部门、及时拨打报警电话和及时进行排除救助工作。

(2)"先撤人救人、后排险"的原则:当有人受伤或死亡,应先救出伤员和撤出亡者,然后进行排险处理工作,以免影响对伤员的及时抢救和对伤员、亡者造成新的伤害。

(3)"先防险、后排险"的原则:在进入现场进行排险作业时,必须采取可靠支护等合适的保护措施,以免排险人员受到伤害。

(4)"先排险、后清理"的原则:只有在控制事故继续发展和排除险情以后,才能进行事故现场的清理工作。

(5)保护现场的原则:事故发生后,有关单位和人员应当妥善保护事故现场以及相关证据,任何单位和个人不得破坏事故现场、毁灭相关证据。因抢救人员、防止事故扩大以及疏通交通等原因,需要移动事故现场物件的,应当做出标志,绘制现场简图并做出书面记录,妥善保存现场重要痕迹、物证。

第一节 灭火器的选择和使用

一、灭火器的组成与类型

灭火器:一种轻便的灭火工具,由筒体、器头、喷嘴等部件组成,借助驱动压力可将所充装的灭火剂喷出。

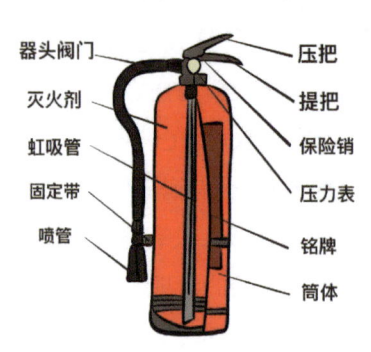

常见灭火器类型：二氧化碳灭火器、泡沫灭火器、干粉灭火器等。

二、灭火器的使用

1. 二氧化碳灭火器的使用

能灭：精密仪器；贵重物品；一般电气火灾（600V以下）；档案资料；可燃液体和固体的初起火灾；水、干粉会沾污容易损坏的固体物质火灾。

不能灭：钾、镁、钠、铝等及过氧化物、有机过氧化物、氯酸盐、硝酸盐、高锰酸盐、亚硝酸盐、重铬酸盐等氧化剂火灾。

二氧化碳灭火器的操作：

（1）将灭火器提到或扛到火场。

（2）在距燃烧物 3m 左右，拔出保险销。

（3）把喇叭筒往上扳 70°~90°，一手握住喇叭筒根部的手柄，另一只手紧握启闭阀的压把。

(4)对着火焰根部喷射,并不断推进,直至把火焰扑灭。

注意:

二氧化碳对眼睛黏膜、呼吸道、皮肤等有刺激性,使用中要站在上风口;在室内窄小空间使用的,灭火后操作者应迅速离开,防止窒息对人体的危害。

2. 泡沫灭火器的使用

可分为化学泡沫灭火器和空气泡沫灭火器。

能灭:植物油、油脂火灾;汽油、柴油、煤油等火灾;木材、棉布、纸张、纤维、橡胶等初起火灾。

不能灭:酒精、乙醚等能溶于水的液体火灾;带电物体、精密仪器;气体火灾;钾、钠等金属火灾。

空气泡沫灭火器的操作:

(1)手提或肩扛到灭火现场。

(2)距离着火点 6m 左右,拔下保险销,一手压下压把,一手握喷枪。

(3)把灭火器的喷嘴对着燃烧区不断推进喷射,直至把火扑灭。

3. 干粉灭火器的使用

能灭:带电物体火灾;木材、棉布制品、纸张等火灾;气体火灾;可燃液体火灾。

不能灭:金属火灾。

干粉灭火器的操作:

(1)使用前要将瓶体颠倒几次,使筒内干粉松动。

(2)除掉灭火器铅封,拔掉保险销。

·71·

（3）右手提着灭火器压把，快速来到着火点。在距火焰3m的地方，右手用力压下压把，左手拿着喷管左右扫射，喷射干粉覆盖燃烧区，直至把火全部扑灭。

第二节　单人徒手心肺复苏操作

心肺复苏（cardio-pulmonary resuscitation，CPR）是针对心脏骤停和呼吸停止急救的唯一有效技术，通过徒手、应用辅助设备及药物来维持人工循环、呼吸和纠正心律失常。急救黄金时间4分钟。心肺复苏包括判断意识、判断呼吸和心跳、开放气道、人工呼吸、胸外按压等内容。

一、识别判断

判断意识：轻拍伤员的肩部，并大声呼叫"你怎么了？"如果伤员没有反应（如睁眼、说话、肢体活动等），说明没有意识。

判断呼吸：如伤员无意识，采用"听、看、感觉"的方法，判断呼吸，检查时间为10秒。

二、呼救

发现伤员无意识、无呼吸,应立即高声呼叫:

(1)快来人呀,有人晕倒了!

(2)我是救护员。

(3)请人帮忙拨打"120"急救电话。

(4)有会急救的请帮忙。

三、心肺复苏体位

(1)救护员位置:在伤员近胸部的位置。

(2)心肺复苏体位:如伤者处于俯卧位或其他不适宜复苏的体位,应将伤员翻转为复苏体位。

四、徒手心肺复苏

1. 胸外按压

(1)按压位置

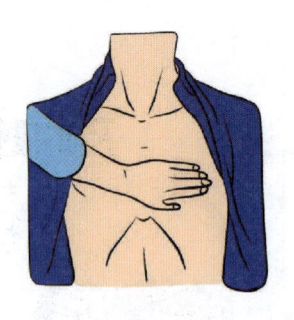

胸部正中、两乳头连线中点,胸骨的下半部。

(2)胸外按压手势

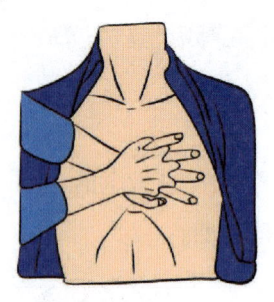

一只手掌根紧贴患者胸壁,双手十指相扣,掌跟重叠、掌心翘起。

(3)高质量胸外按压标准

救护者两臂位于患者胸骨正上方,双肘关节伸直,利用上身重量垂直下压,成人按压深度为 5~6cm,然后让胸廓充分回弹,放

松时双手不离开胸壁,连续按压 30 次;按压频率大概每分钟 100~120 次。

2. 开放气道

(1)观察口腔,如有异物进行清除。

(2)用一只手掌根部置于伤员前额使头后仰,另一只手的食指和中指置其下颌处,抬起下颌,使下颌角及耳垂连线与平卧面约呈 90°角。

3. 人工呼吸

(1)用手捏住患者鼻孔,防止漏气,用口把伤员口完全罩住,成密封状。

(2)缓慢吹气 2 次,每次持续 1 秒,吹气可见胸腔隆起。

4. 按压吹气比

单人抢救时,吹气和按压同做时,可按压 30 次,吹气 2 次。进行 5 组后,重新检查呼吸和脉搏,时间约 10 秒。

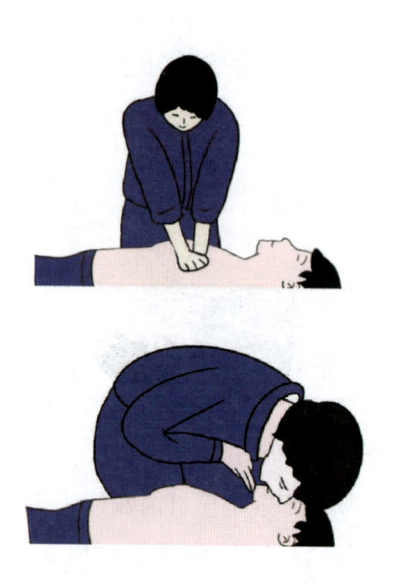

5.复苏后体位

若患者恢复呼吸(脉搏),仍不清醒,可摆放稳定侧卧位,持续观察呼吸(脉搏),等待进一步救援。

第三节　自动体外除颤器(AED)操作

当心脏受到内在或外在的因素的影响时,可能会造成心律失常,严重后果是心搏骤停。电击除颤是治疗心律失常的唯一有效手段。自动体外除颤器(automated external defibrillator,AED)可自动分析患者心律,识别是否可除颤心律,如可除颤,则在极短的时间内放出大量电流经过心脏,以终止心脏不规则的电活动,使心脏电流重新自我正常化。

一、AED 的使用操作

1. 打开 AED

开启 AED,打开 AED 的盖子,依据视觉和声音的提示操作(有些型号需要先按下电源)。

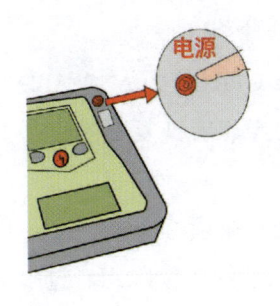

2. 贴放 AED 电极片

电极片安放关系到除颤的效果，一片电极安放在左腋前线之后第五肋间处，另一片电极安放在胸骨右缘、锁骨之下。将电极板插头插入 AED 主机插孔。

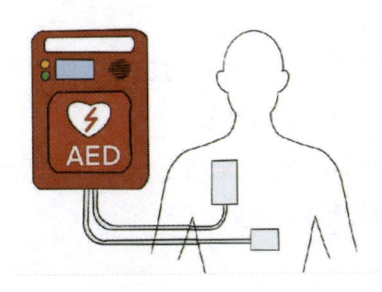

3.分析心律

示意周围人员不要接触患者，等待 AED 分析心律，判断是否需要电除颤。得到除颤信息后，等待 AED 充电，确定所有人员未接触患者，准备除颤。

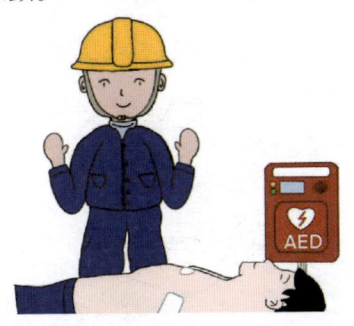

4. 按按钮进行电击除颤

5. 除颤后继续实施CPR(约2分钟),AED再次自动分析心律。

如此反复操作,直至患者恢复心搏和自主呼吸,或专业救援人员到达。

二、AED的使用注意事项

(1)在贴放电极片前,应先清除患者过多胸毛,确保电极片与皮肤紧密。

(2)要迅速擦干患者胸部过多的水分或汗液后在贴放电极片。

(3)不能在水中或金属等导电物体表面使用AED。

第四节　创伤包扎

创伤包扎应急救护的主要目的是在最佳时机和最佳地点,尽最大努力来挽救生命或减轻伤残。

创伤四大技术分别是:止血、包扎、固定和搬运。止血要彻底、包扎要准确、固定要牢固、搬运要安全。

一、止血

全身的血量占体重的8%,其主要功能是运输氧气和营养物质,止血的目的就是控制出血,保存有效的血容量,防止休克,挽救生命。现场及时有效地止血是挽救生命、降低死亡率,为伤员进一步争取治疗时间的重要技术。

1. 出血类型

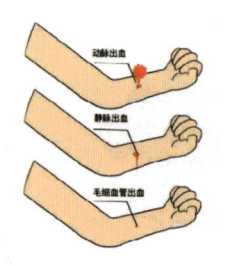

(1)动脉出血——喷射状、鲜红色。

(2)静脉出血——涌出、暗红色。

(3)毛细血管出血——渗出、鲜红色。

2. 少量出血的处理

(1)救护员先洗净双手(最好带防护手套)。

(2)表面伤口和擦伤用干净的流动的水冲洗。

(3)用创可贴或干净的纱布等包扎。

(4)不要用药棉或有绒毛的布直接覆盖在伤口上。

3. 严重出血的止血方法

(1)直接压迫止血

救护员检查伤员伤口处有无异物,有小异物,则要先取出;将干净的纱布或手帕等作为敷料覆盖在伤口上,用手直接压迫止血。

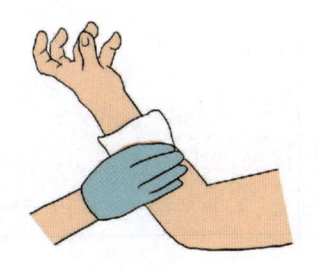

(2)加压包扎止血

在直接止血的同时,可用绷带加压包扎。

压迫止血的敷料应超过伤口周边至少 3cm。用绷带敷料加压包扎。包扎后注意检查肢体末端血液循环。

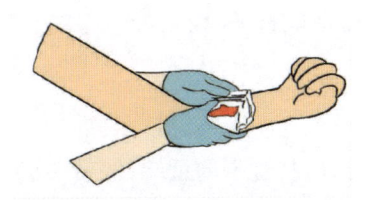

（3）止血带止血

四肢较大的血管破裂，采用其他方法不能止血或难以采用其他止血方法时，可使用止血带止血。除此外当被毒蛇咬伤，为了避免蛇毒向全身扩散蔓延，也常使用止血带止血法。上止血带的部位宜在上臂上三分之一处；下肢宜在大腿中部。一般在前臂、小腿处不结扎止血带。注意：上止血带部位要有衬垫；记录上止血带时间，每隔50分钟，要放松3~5分钟。

加垫 　　　　打结 　　　　绞紧 　　　　记录时间

二、包扎

1. 包扎原则

快：包扎伤口的动作要迅速；

准：包扎部位要准确，封闭要严密防止伤口污染；

轻：包扎动作要轻，不要碰撞伤口，以免增加伤员的疼痛和出血；

牢：包扎要牢靠，松紧适宜，包扎过紧会妨碍血液流通和压迫神经。

2. 包扎材料

常用的包扎材料有创可贴、尼龙网套、三角巾、弹力绷带、纱布、绷带、胶条及就地取材的材料，如干净的衣物、毛巾、头巾、衣服等。

3. 环形包扎

用绷带包扎时，应从远端向近端，绷带头必须压住，即在原处环绕数周以后每缠一周要盖住前一周 1/3 ~ 1/2。

4. 三角巾头帽式包扎

取无菌纱布覆盖伤口,然后把三角巾底边的中点放在伤员眉间上部,顶角经头顶拉到脑后枕部,再将两个底角在枕部交叉返回到额部中央打结,最后,拉紧顶角并反折塞在枕部交叉处。

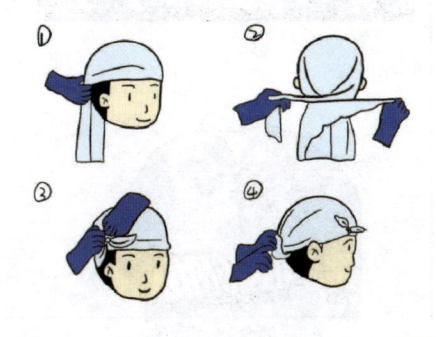

5. 包扎注意事项

打结要避免对伤口、眼睛等的压迫;包扎后要露出远端肢体末梢观察血运情况;敷料要够大够厚,先盖后包,平整保护皮肤;腋下、两指间、骨隆起部分一定加垫。

三、固定

骨折固定的目的是制动,减少伤员的疼痛;避免损伤周围组织、血管、神经;减少出血和肿胀;防止闭合性骨折转化为开放性骨折;便于搬运伤员。固定材料主要有夹板(可就地取材如杂志、硬纸板)、敷料(干净的纱布、棉垫、毛巾、布条、衣服)等。

1. 脊柱骨折固定法

使伤员平直仰卧在硬质木板或其他板上,然后用几条带子把伤员固定,使伤员不能左右转动。

2. 前臂骨折固定法

(1)夹板固定。

(2)躯干固定:伤员曲肘位,悬吊伤肢,伤肢与躯干之间加衬垫,用宽带将伤肢固定于躯干。

3.下肢骨折固定法

取伸直位,与直木板固定。

四、搬运

1.搬运方法

单人徒手搬运法:适用于伤势较轻的伤病人。搭肩搬运、背负搬运、拖行搬运等。

多人平托法:几个人分别托住伤员颈、腰、腿部,一起进行。

担架搬运法：把伤员移至担架，头部向后，足部向前。

其他搬运法：用折叠椅、毯子、木板等代替担架进行搬运。

2.搬运注意事项

尽量多找一些人来搬运。

观察伤员呼吸和脸色的变化。

如果是脊椎骨折，不要弯曲、扭动伤员的颈部和身体。

不要接触伤员的伤口

要使伤员身体放松。

尽量将伤员放到担架或平板上进行搬运。

第八章 职业健康与工伤保险

第一节 职业健康

一、职业危害的含义

职业健康是对工作场所内产生或存在的职业性有害因素及其健康损害进行识别、评估、预测和控制的一门科学,其目的是预防和保护劳动者免受职业性有害因素所致的健康影响和危险,使工作适应劳动者,促进和保障劳动者在职业活动中的身心健康和社会福利。

职业危害包括两个方面:职业意外事故及职业病。

二、职业危害因素的分类

职业危害因素是造成职业病的原因。《职业病危害因素分类目录》将主要的职业危害因素分为6类:(1)粉尘;(2)化学因素;(3)物理因素;(4)放射性因素;(5)生物因素;(6)其他因素。

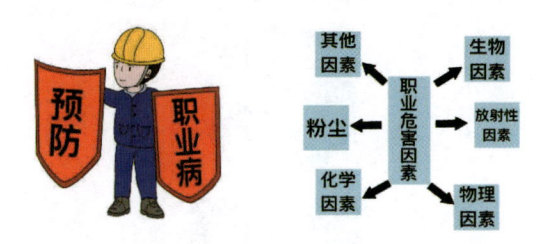

三、职业危害及预防

1. 粉尘危害及预防

(1)粉尘危害

能够较长时间浮游于空气中的固体微粒称为粉尘。在生产中，与生产过程有关而形成的粉尘称为生产性粉尘。生产性粉尘对人体有多方面的不良影响，尤其是含有游离二氧化硅的粉尘，能引起严重的职业病——矽肺。生产性粉尘还能影响某些产品的质量，加速机器的磨损。

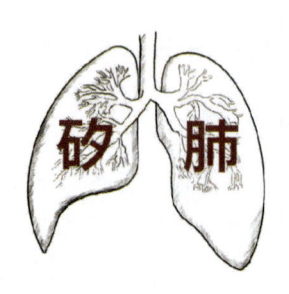

（2）粉尘危害的防治

为了做好粉尘危害防治工作，一般采取综合性措施。

①技术措施

a. 以无毒、低毒的物质代替有毒、高毒的物质。

b. 生产设备做到密闭化、自动化或者远距离控制，尽量使操作人员不接触或少接触有毒物质。

c. 通风排毒和净化回收。

②个人防护措施

个人防护用具有防护服、手套、口罩、劳保鞋、防毒面具、送风面盔等。正确使用个人防护用具，对防尘防毒具有一定的作用。

③卫生保健措施

a. 发给尘毒作业工人保健食品,以增强他们的抵抗能力。

b. 定期检查身体,及早查出病变,及早治疗。

c. 讲究个人卫生。例如养成良好的个人卫生习惯,饭前洗手,班后淋浴,工作衣帽与便服隔离存放和定期清洗等等。

2. 生产性噪声危害及预防

(1)生产性噪声种类

①机械性噪声。由于机械的撞击、摩擦、转动而产生的噪声,如织机、球磨机、电锯、机床等发出的声音。

②流体动力性噪声。由于气体压力突变或流体流动而产生的噪声,如通风机、空压机、喷射器、汽笛或放水、冲刷等发生的声音。

③电磁性噪声。由于电机中交变电磁力相互作用而发生的噪声,如发电机、变压器等发出的"嗡嗡"声。

(2)防止噪声危害的措施及个体防护

①控制和消除噪声源。

②合理规划设计厂区与厂房。产生强烈噪声的工厂与居民区以及噪声车间和非噪声车间之间应有一定距离(防护带)。

③控制噪声传播和反射的技术措施主要有:吸声、消声、隔声、隔振等。

④个体防护。主要保护听觉器官,在作业环境噪声强度比较

高或在特殊高噪声条件下工作,佩戴个人防护用品是一项有效的预防措施。

⑤定期对接触噪声的工人进行健康检查,特别是听力检查,以便早期发现听力损伤,及时采取有效的防护措施。

⑥合理安排劳动和休息时间,实行工间休息制度。

3. 高温作业危害及预防

(1)高温作业

工业生产中,常可遇到异常的气象条件,如气温达 35~38℃以上,伴有强辐射热,或高气温伴有高气湿(相对湿度超过80%)。在这种条件下从事的工作,称为高温作业。

主要的高温作业有:冶金工业中炼焦、炼铁、炼钢及轧钢等;机械制造业的铸造热处理等;玻璃、搪瓷、砖瓦工业中烧制、出窑、烘房等车间;造纸、印染、纺织工业中的蒸煮及锅炉作业等。南方夏季的露天作业,如建筑、搬运、露天采矿及各种农田劳动等,也可能受到高气温和热辐射的影响,也属高温作业。

(2)高温作业的防护措施

①尽可能实现自动化和远距离操作等隔热操作方式,设置热

源隔热屏蔽[热源隔热保温层、水幕、隔热操作室(间)、各类隔热屏蔽装置[。

②通过合理组织自然通风气流,设置全面、局部送风装置或空调降低工作环境的温度。供应清凉饮料。

③依据《高温作业允许持续接触热时间限值》(GB935—89)的规定,限制持续接触热时间。

④使用隔热服等个人防护用品。

4. 放射物的危害及预防

(1)放射物危害

当人体受到超过一定剂量的放射线照射时,或大量放射性物质侵入机体内部后,可引起一系列的病变,造成一种特殊的疾病,在医学上称为放射病。

（2）放射性损伤的防护措施

①严格防护措施。一切放射性工作单位或需设置放射源控制设备的企业，均应根据放射防护的有关规定制订严格的使用和保管放射源的安全操作规程和制度，并教育有关人员严格遵守执行。

②严格控制辐射剂量。在放射性工作场所和接触、操作放射源的过程中，应随时检查辐射剂量，建立个人接受辐射剂量卡，保证工作人员在容许的辐射剂量下工作。

③控制外照射剂量。尽量缩短受照射的时间，必要时可采取轮换操作制度。尽量增大操作者与放射源之间的距离，使用机械手等远距离操纵器，利用屏蔽物遮挡电离辐射。

④防止放射性物质污染皮肤和进入体内。操作过程密闭化、自动化；加强通风、湿式作业；严格遵守个人卫生制度，防止皮肤污染等。

⑤加强宣传教育,增强自我防护意识。

⑥定期体检。对做放射性工作的人员要实行就业前健康检查和定期健康检查。

第二节　工伤保险

一、工伤认定

根据《工伤保险条例》规定,工伤的范围分为认定工伤和视同工伤。

1. 职工有下列情形之一的,应当认定为工伤:

(1)在工作时间和工作场所内,因工作原因受到事故伤害的;

(2)工作时间前后在工作场所内,从事与工作有关的预备性或者收尾性工作受到事故伤害的;

(3)在工作时间和工作场所内,因履行工作职责受到暴力等意外伤害的;

(4)患职业病的;

(5)因工外出期间,由于工作原因受到伤害或者发生事故下落不明的;

(6)在上下班途中,受到非本人主要责任的交通事故或城市轨道交通、客运轮渡、火车事故伤害的;

(7)法律、行政法规规定应当认定为工伤的其他情形。

2. 职工有下列情形之一的,视同工伤:

(1)在工作时间和工作岗位,突发疾病死亡或者在48小时之内经抢救无效死亡的;

(2)在抢险救灾等维护国家利益、公共利益活动中受到伤害的;

(3)职工原在军队服役,因战、因公负伤致残,已取得革命伤残军人证,到用人单位后旧伤复发的。

3.职工有下列情形之一的,不能认定为工伤或者视同工伤：

(1)故意犯罪的；

(2)醉酒或者吸毒的；

(3)自残或者自杀的。

二、工伤申请

1. 工伤认定申请时效

职工发生事故伤害或者按照职业病防治法规定被诊断、鉴定为职业病,所在单位应当自事故伤害发生之日或者被诊断、鉴定为职业病之日起30日内,向统筹地区社会保险行政部门提出工伤认定申请。遇有特殊情况,经报社会保险行政部门同意,申请时限可以适当延长。

用人单位未按上述规定提出工伤认定申请的,工伤职工或者其近亲属、工会组织在事故伤害发生之日或者被诊断、鉴定为职业病之日起1年内,可以直接向用人单位所在地统筹地区社会保险行政部门提出工伤认定申请。

用人单位未在上述规定的时限内提交工伤认定申请,在此期间发生符合本条例规定的工伤待遇等有关费用由该用人单位负担。

2. 工伤申请举证责任

职工或者其近亲属认为是工伤,用人单位不认为是工伤的,由用人单位承担举证责任。

3. 工伤申请流程

发生事故伤害或患职业病→提出工伤认定申请→准备申请材料(《工伤认定申请表》、劳动关系证明、医疗诊断证明或者职业病诊断证明书)并送审→资料资格审查→受理认定申请→事故及情况调查→认定结论及送达。

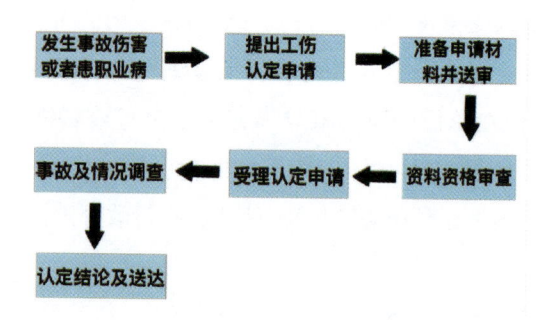

三、工伤康复

申请流程:工伤职工经治疗伤情稳定,符合工伤康复情况→提出工伤康复申请→准备申请材料(《工伤康复申请表》)并送审→资料审核→康复价值确认→出具《工伤康复确认通知书》及送达→到签约服务机构进行康复→达到工伤康复出院标准→出院结算。

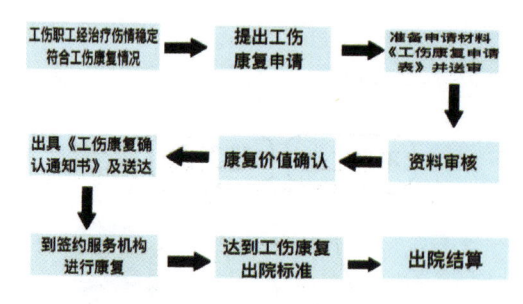

四、工伤保险待遇

工伤保险待遇包含以下:

治疗工伤所需费用；

职工住院治疗工伤的伙食补助费；

经办机构同意后，工伤职工到统筹地区以外就医所需的交通、食宿费用；

工伤职工因日常生活或者就业需要，经劳动能力鉴定委员会确认，可以安装假肢、矫形器、假眼、假牙和配置轮椅等辅助器具的所需费用；

工伤职工已经评定伤残等级并经劳动能力鉴定委员会确认需要生活护理的所需费用；

一次性伤残补助金，伤残津贴；

一次性工伤医疗补助金；

一次性伤残就业补助金；

职工因工死亡，丧葬补助金；

供养亲属抚恤金和一次性工亡补助金等；

还包括工伤后的疗养、减轻工作、不得解除劳动合同等。

五、劳动能力鉴定

劳动能力鉴定流程：经治疗伤情相对稳定后存在残疾、影响劳动能力的，或有其他需要确认事项的提出劳动能力鉴定（确认）申请→准备资料（《认定工伤决定书》、有效的诊断证明、身份证明等）并送审→受理劳动能力鉴定→组织专家进行鉴定→出具鉴定结论并送达。

提出劳动能力鉴定申请 → 准备资料认定，身份证明等并送审 → 受理劳动能力鉴定 → 组织专家进行鉴定 → 出具鉴定结论并送达

参考文献

[1] 杨乃莲.农民工安全生产教育读本[M].北京:气象出版社,2006.

[2] 王其宏.从业人员安全生产知识读本[M].南京:河海大学出版社,2018.

[3] 张世福.农民工应掌握的86个安全生产常识[M].北京:中国工人出版社,2009.

[4] 东方文慧,中国安全生产科学研究院.安全生产基础知识[M].北京:中国劳动社会保障出版社,2012.

[5] 陆爽,甘行建.农民工安全生产与劳动保护常识[M].贵阳:贵州人民出版社,2010.

[6] 杨伯涵.化工生产安全基础知识实用读本[M].苏州:苏州大学出版社,2017.

[7] 谢宏.安全生产基础理论新发展[M].北京/西安:世界图书出版公司,2015.

[8] 赵见阳,孙国帅,左娜.建筑业农民工安全生产管理现状与对策[J].辽宁工业大学学报(社会科学版),2020,22(04):47-50.

[9] 全国图形符号标准化技术委员会.安全信息识别系统:第1部分 标志:GB/T31523.1-2015[S].北京:中国标准出版社,2015.

[10] 杨哲.农民工安全生产培训教材[M].长春:吉林大学出版社,2007.

[11] 中国标准出版社.个体防护装备标准汇编[M].北京:中国标准出版社,2021.

[12] 张惠军,李戳.职业危害与个体防护需求实用手册[M].应急管理出版社,2020.

[13]赵正宏.应急救援个体防护装备[M].北京:气象出版社,2017.

[14]《职工个体防护知识随身手册》编写组.职工个体防护知识随身手册[M].北京:中国工人出版社,2018.

[15]全国安全生产标准化技术委员会化学品安全分技术委员会.危险化学品企业特殊作业安全规范:GB30871-2022[S].北京:中国标准出版社,2022.

[16]全国安全生产标准化技术委员会.安全色:GB2893-2008[S].北京:中国标准出版社,2009.

[17]中国红十字会总会.救护员[M].北京:人民卫生出版社,2021.

[18]苗金明.事故应急救援与处置[M].北京:清华大学出版社,2012.

[19]刘景良,董菲菲.防火防爆技术[M].北京:化学工业出版社,2021.

[20]《企业安全生产标准化建设系列手册》编委会.危险化学品企业安全生产标准化建设手册[M].北京:中国劳动社会保障出版社,2014.

[21]李小宁,姜丽萍.职业人群健康宝典[M].南京:东南大学出版社,2015.

[22]杨达才,国强.职业危害与健康[M].西安:西安交通大学出版社,2012.

[23]江西省卫生厅法制监督局,江西省职业病防治研究院.职业健康监护实用指南[M].南昌:江西高校出版社,2010.

[24]人力资源社会保障部工商保险司.工伤预防培训教材[M].北京:中国劳动保障出版社,2017.

[25]江西省人力资源和社会保障学会.工伤预防实务指南[M].北京:中国劳动保障出版社,2019.

[26]"工伤预防科普丛书"编委会.工伤预防个体防护知识[M].北京:中国劳动保障出版社,2021.

[27]"工伤预防宣传手册"编委会.工伤预防宣传手册[M].北京:中国劳动社会保障出版社,2019.

[28]周建文.伤有所救:工伤保险[M].北京:中国民主法制出版社,2016.

[29]赵永生.国际视野下我国工伤预防机制创新研究[M].北京:中国言实出版社,2014.

[30]中安华邦(北京)安全生产技术研究院.企业从业人员职业安全健康与职业危害防护知识读本[M].北京:团结出版社,2018.

[31]李建东,袁丽霞.用人单位职业健康管理指南[M].西安:三秦出版社,2017.

[32]蔡庄红,白航标.安全评价技术(第三版)[M].北京:化学工业出版社,2019.